都市農地貸借法とは

　昭和 43 年の都市計画法制定以来、市街化区域内の農地（4 頁参照）は都市的土地利用を行うまでの間の暫定的な土地利用とされてきました。

　長年続いた都市部の農地へのこのような評価も、平成 27 年 4 月に成立・施行された都市農業振興基本法によって、農業生産を通じて多面的な機能を果たす農地は「都市にあるべきもの」であり「農地として保全することが必要」となり、生産緑地法の改正によって将来に亘って永続的に農地を保全する仕組みができました。

　その中で、都市農地を保全するためには多様な担い手を含めた農地の貸借が必要なことから、市民農園を含めた農地の貸借を

相続税・贈与税納税猶予制度（この資料では単に「納税猶予制度」と言います）の対象とするための仕組みが創設されました。

　それが、平成 30 年 9 月 1 日に成立・施行された「都市農地の貸借の円滑化に関する法律（本書では、単に「都市農地貸借法」と言います）」と、併せて改正された納税猶予制度です。これにより、市街化区域内の農地も生産緑地に限り都市農地貸借法による貸借ができ、併せて一定の要件を満たす特定農地貸付けによる市民農園を含めて納税猶予制度の対象となりました。

　なお、この資料では納税猶予制度の説明にあたって相続税の納税猶予を中心に説明いたします。

1）都市農地貸借法等による貸借と納税猶予制度との関係

（1）都市農地貸借法の二つの貸借

　都市農地貸借法では 2 通りの貸借が行えることとなっています。

　一つ目は、農業経営者に対する貸付けです。借受人が市町村長の認定を受けることによって農地の貸借を行えることから「**認定都市農地貸付け**」と言います。

　二つ目は市民農園の開設を目的とした、市町村・農業協同組合以外の農地を所有していない者（本書では「ＮＰＯ・企業等」と言います）に対する貸付けで、これを「**特定都市農地貸付け**」と言います。

　つまり都市農地貸借法は、①農業経営を目的とした貸付け、②市民農園開設を目的としたＮＰＯ・企業等の貸付け、の二つの貸借が行える法律です。

（2）対象は生産緑地

　都市農地貸借法の対象は生産緑地に限定しています。

　特定市に限らず全国の市町村の市街化区域内の生産緑地に指定された農地が対象となります。そのため、国土交通省は都市計画運用指針で生産緑地の指定を行っていない三大都市圏特定市以外の市町村も生産緑地の指定を検討するよう促しています。

　また生産緑地が対象なので、生産緑地の指定から 30 年が経過して特定生産緑地を選択しなかった生産緑地や特定生産緑地の期限の延長をしなかった生産緑地でも、都市農地貸借法の対象としています（三大都市圏の特定市では相続税納税猶予制度は適用されません）。

（3）納税猶予制度の対象となる貸付け

　都市農地貸借法の制定により、生産緑地の貸借が納税猶予制度の対象となりました。そこで、次のような言葉が使われるようになり、それぞれについて理解する必要があります。

　都市農地貸借法は「認定都市農地貸付け」と「特定都市農地貸付け」ができる法律です。

　「**認定**都市農地貸付け」とは、農業経営を行う者に対して行う貸付けです。

　「**特定**都市農地貸付け」とは、市民農園開設を目的とした NPO・企業等の貸付けです。

　「農園用地貸付け」とは「**特定都市**農地貸付け」に加え、**特定**農地貸付けのうち、「市町村・農業協同組合が行う市民農園」及び一定の要件のもとで行う「農地所有者が自ら行う市民農園」の開設を目的とする納税猶予制度の対象となる貸付けです。

　「特定農地貸付け」とは、特定農地貸付けに関する農地法等の特例に関する法律（本書では、単に「特定農地貸付法」と言います）に基づく市民農園開設のための貸付けですが、その中では、次頁の表のように①市町村・農業協同組合、②農地所有者自ら、③NPO・企業等、それぞれが市民農園を開設するための農地の貸付けについて定めています。なお、その中で③については農地所有者から市町村や農地中間管理機構を経由して NPO・企業等に貸付けることとなっています。

　都市農地貸借法の「④特定都市農地貸付け」は、一定の要件を課して NPO・企業等が直接農地所有者から農地を借り受けて市民農園を開設できるようにしたものです。

本書で「都市農地貸借法**等**」とあるのは、都市農地貸借法の「認定都市農地貸付け」及び「農園用地貸付け」である④特定都市農地貸付け、及び納税猶予制度の対象となる①②の特定農地貸付け、を含めた貸借を指します。

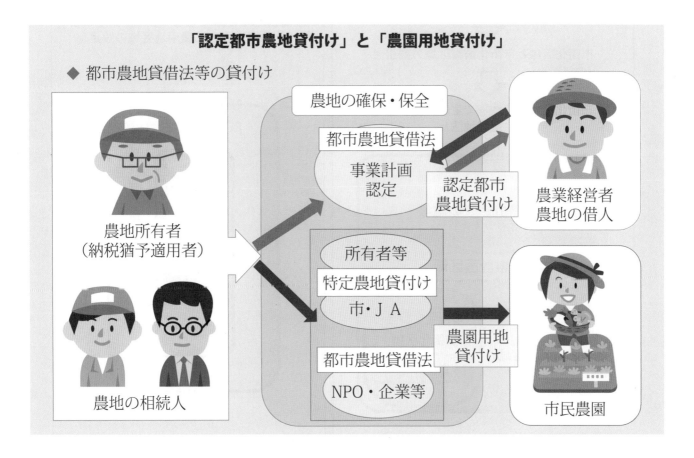

「認定都市農地貸付け」と「農園用地貸付け」

◆ 都市農地貸借法等の貸付け

生産緑地と市民農園の4つの貸付けとの関係

		開　設　者	農地利用形態	納税猶予
特定農地貸付法	①	市町村（18頁参照）	貸借・所有	○
		農業協同組合（18頁参照）	貸借	
	②	農地所有者（18頁参照）（農地所有適格法人を含む）	所有（特定農地貸付法施行規則第1条第2項各号記載の協定書が必要）	○
	③	ＮＰＯ・企業等（12頁参照）（①を除く農地を持たない者）	貸借（市町村又は農地中間管理機構を経由）	×
都市農地貸借法	④	ＮＰＯ・企業等（12頁参照）（①を除く農地を持たない者。「特定都市農地貸付け」と言う）	貸借（直接農地所有者からの貸借。法第10条第2号に掲げる内容を記載した協定書が必要）	○

　都市農地貸借法に基づく④の貸付けを「特定都市農地貸付け」と言い、納税猶予制度の対象となります。

　特定農地貸付けのうち①及び一定の要件を持たす②は納税猶予制度の対象となりますが、③は納税猶予制度の対象となりません。

　①②④を納税猶予制度で「農園用地貸付け」と言います。

都市計画法及び農振法による土地利用区分

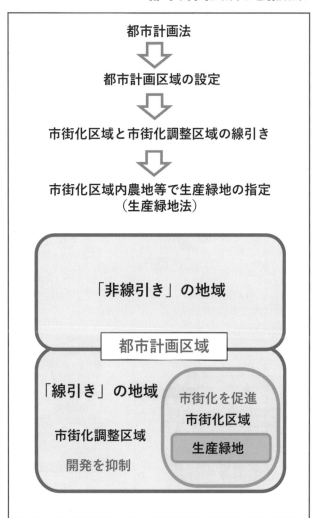

都市計画法

⬇

都市計画区域の設定

⬇

市街化区域と市街化調整区域の線引き

⬇

市街化区域内農地等で生産緑地の指定
（生産緑地法）

「非線引き」の地域

都市計画区域

「線引き」の地域

市街化を促進
市街化区域

生産緑地

市街化調整区域

開発を抑制

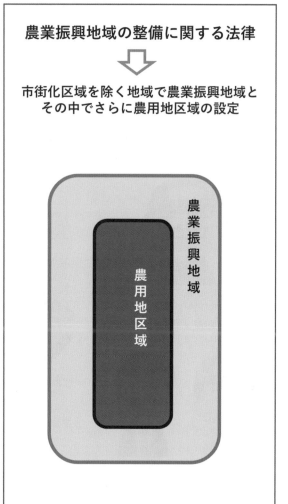

農業振興地域の整備に関する法律

⬇

市街化区域を除く地域で農業振興地域と
その中でさらに農用地区域の設定

農業振興地域

農用地区域

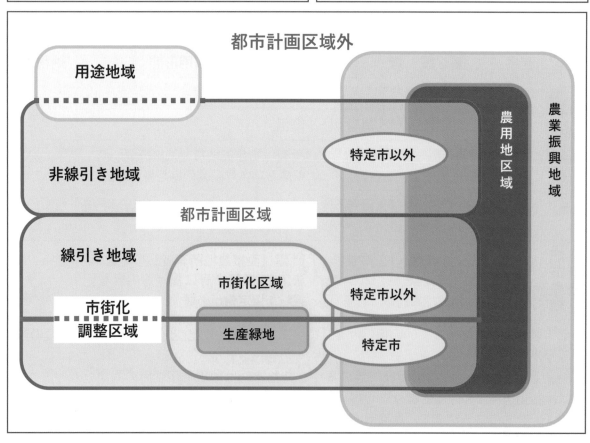

都市計画区域外

用途地域

非線引き地域

都市計画区域

線引き地域

市街化区域

特定市以外

特定市以外

市街化
調整区域

生産緑地

特定市

農用地区域

農業振興地域

1）都市農地貸借法の目的及び対象となる農地

（1）都市農地貸借法の目的

　都市の農地は、農業生産を通じて多様な機能を有している一方で、農業従事者の減少や高齢化が進展する中、こうした都市農地の持つ多様な機能が適切かつ十分に発揮されるためには、都市農地の所有者のみならず、都市農地を借受けた意欲ある都市農業者等により、都市農地の有効な活用が図られることが重要です。

　都市農地貸借法はこうした状況を踏まえ、都市農地に設定された賃貸借について農地法第17条本文の規定による法定更新を適用しないこと等、都市農地の貸借が円滑に行われるための措置を講ずることによって、都市農地の有効な活用と発展及び都市農業のもつ機能の発揮を目的として制定された法律です。

（2）都市農地貸借法の対象となる農地

　都市農地貸借法の対象は、生産緑地法第3条第1項の規定により定められた生産緑地地区の区域内（本書では、単に「生産緑地」と言います）の農地（買取りの申出がされたものを除く。以下同じ）に限っています。

　三大都市圏の特定市に限らず、全国の市町村に存する市街化区域内の農地等は生産緑地の指定が可能であり、生産緑地に指定されている農地ならば都市農地貸借法による貸付けができ、さらにその貸付けが納税猶予制度の対象となります。

　なお、前述（1～2頁）にあるとおり生産緑地の指定から30年経過後に特定生産緑地に指定しない生産緑地及び特定生産緑地の延長を行わない生産緑地であっても都

生 産 緑 地 法（抜粋）

（生産緑地地区に関する都市計画）

第三条　市街化区域（都市計画法（昭和四十三年法律第百号）第七条第一項の規定による市街化区域をいう。）内にある農地等で、次に掲げる条件に該当する一団のものの区域については、都市計画に生産緑地地区を定めることができる。

一　公害又は災害の防止、農林漁業と調和した都市環境の保全等良好な生活環境の確保に相当の効用があり、かつ、公共施設等の敷地の用に供する土地として適しているものであること。

二　五百平方メートル以上の規模の区域であること。

三　用排水その他の状況を勘案して農林漁業の継続が可能な条件を備えていると認められるものであること。

2　市町村は、公園、緑地その他の公共空地の整備の状況及び土地利用の状況を勘案して必要があると認めるときは、前項第二号の規定にかかわらず、政令で定める基準に従い、条例で、区域の規模に関する条件を別に定めることができる。

生 産 緑 地 法 施 行 規 則（抜粋）

（条例で農地等の区域の規模に関する条件を定める場合の基準）

第三条　法第三条第二項の政令で定める基準は、三百平方メートル以上五百平方メートル未満の一定の規模以上の区域であることとする。

市農地貸借法による農地の貸付けを行うことはできますが、「いつでも買取りの申出ができる生産緑地」となっているので三大都市圏の特定市では納税猶予制度の適用はできません。

2）自らの耕作の事業の用に供するための都市農地の貸借の円滑化 （認定都市農地貸付け）

　法第4条～第9条の「自らの耕作の事業の用に供するための都市農地の貸借の円滑化」は、農地の借受人の側から見たもので、納税猶予制度で言う「認定都市農地貸付け」です。

　この場合の借受ける目的は農業経営を行うものであり、都市農地の区画を都市住民等に貸付ける市民農園の開設者は自らの耕作の事業の用に供する目的ではないため、この「認定都市農地貸付け」の対象とはな

りません（農園用地貸付けの対象とはなり得ます）。

　一方、自らの農業経営において、自らが作成した作付け計画に基づき自らの指導の下で都市住民等が播種から収穫までの一連の農作業を体験する「農園利用方式の農園（いわゆる農業体験農園）」の開設者は、この「認定都市農地貸付け」の対象となります。

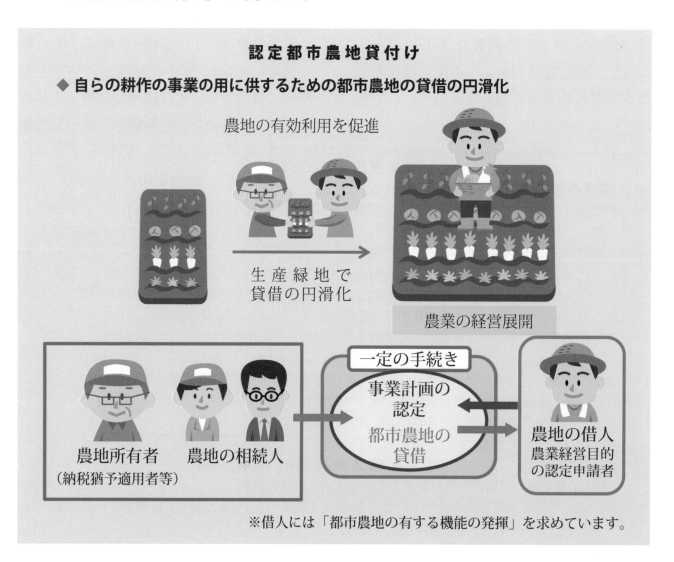

認定都市農地貸付け

◆ 自らの耕作の事業の用に供するための都市農地の貸借の円滑化

農地の有効利用を促進

生産緑地で貸借の円滑化

農業の経営展開

農地所有者（納税猶予適用者等）　農地の相続人

一定の手続き
事業計画の認定
都市農地の貸借

農地の借人 農業経営目的の認定申請者

※借人には「都市農地の有する機能の発揮」を求めています。

（1）事業計画の認定等

① 事業計画の認定

　都市農地を自ら農業を行う目的で所有者から借受けようとする者は、事業計画の認定申請書に必要な添付書類を添えて当該都市農地が所在する市町村長に提出し、認定を受ける必要があります。

　認定の要件を満たす場合には、市町村長は農業委員会の決定を経て認定します。

　この認定を受けた事業計画に従って賃借権等が設定される場合には、農地法第3条第1項の許可を受ける必要がなく、

　また、この賃貸借については、農地法第17条本文の法定更新が適用されません（これを「都市農地の貸借の円滑化のための措置」と言います）。

　また、この認定を受けて都市農地を借受けた者（「認定事業者」と言います）は、毎年、利用状況について市町村長に報告することになっています。その他、認定事業計画の変更その他の申請や届け出に関する様式は農林水産省ホームページで確認してください。また、同ホームページで Word による様式の取得もできます。

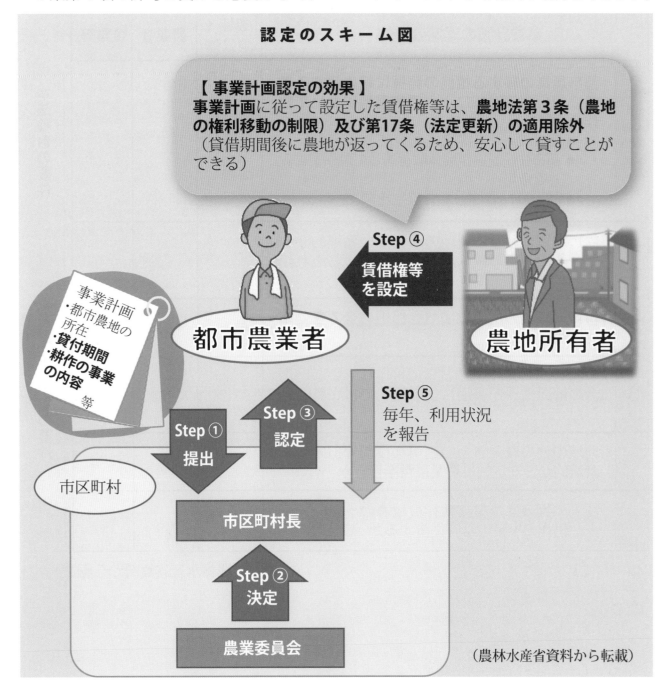

認定のスキーム図

【事業計画認定の効果】
事業計画に従って設定した賃借権等は、**農地法第3条（農地の権利移動の制限）及び第17条（法定更新）の適用除外**
（貸借期間後に農地が返ってくるため、安心して貸すことができる）

Step④
賃借権等を設定

都市農業者

農地所有者

事業計画
・都市農地の所在
・貸付期間
・耕作の事業の内容
等

Step① 提出

Step③ 認定

Step⑤
毎年、利用状況を報告

市区町村

市区町村長

Step② 決定

農業委員会

（農林水産省資料から転載）

② 事業計画の認定の要件及び基準

　事業計画の認定要件は次の通りです。都市農地を借受ける者が、農業協同組合又は地方公共団体の場合は①の要件に、農業者及び農地所有適格法人であるときは①～③の要件の全てに、その他の者は①～⑥の要件の全てに該当しなければなりません（認定要件の詳細は26頁参照）。

　また、事業計画の認定要件のうち①の「都市農業の有する機能の発揮に特に資する基準」は次頁の通りです。

申請者の属性に応じ、○が付いた
要件全てに該当する必要がある。

	事業計画の認定の要件	農協・地公体	農業者	企業等	
①	**都市農業の有する機能の発揮に特に資する基準**に適合する方法により**都市農地において耕作の事業を行う** 例 ● 生産物の一定割合を地元直売所等で販売 ● 都市住民が農作業体験を通じて農作業に親しむ取組 ● 防災協力農地として協定を締結　など	○	○	○	本法独自の要件
②	周辺地域における農地の農業上の効率的かつ総合的な利用の確保に支障を生ずるおそれがないか		○	○	農地法と同等の要件
③	耕作の事業の用に供すべき農地の**全てを効率的に利用**するか		○	○	
④	申請者が事業計画どおりに耕作していない場合の解除条件が書面による契約で付されているか			○	
⑤	地域の他の農業者との適切な役割分担の下に継続的かつ安定的に農業経営を行うか			○	
⑥	法人の場合は、業務執行役員等のうち一人以上が耕作の事業に常時従事するか			○	

（農林水産省資料から転載）

事業計画の認定要件のうち都市農業の有する機能の発揮に特に資する耕作の事業の内容に関する基準

基　準 （次の１、２のいずれにも該当すること）		備　考
	次のイからハまでの**いずれか**に該当すること。	基準の運用に当たっては、農業者の意欲や自主性を尊重し、地域の実情に応じた多様な取組を行うことができるように配慮が必要。
	イ　申請者が、申請都市農地※において生産された農産物又は当該農産物を原材料として製造され、若しくは加工された物品を**主として**当該**申請都市農地が所在する市町村の区域内若しくはこれに隣接する市町村の区域内又は都市計画区域内において販売**すると認められること。	「主として」とは、金額ベース又は数量ベースで概ね５割以上を想定。
	ロ　申請者が、申請都市農地において次に掲げる**いずれか**の取組を実施すると認められること。 ①　都市住民に**農作業を体験**させる取組並びに申請者と都市住民及び都市住民**相互の交流**を図るための取組 ②　都市農業の振興に関し必要な**調査研究**又は**農業者の育成及び確保**に関する取組	①は、いわゆる農業体験農園、学童農園、福祉農園及び観光農園等の取組を想定。 ②は、都市農地を試験圃や研修の場に用いること等を想定。
1	ハ　申請者が、申請都市農地において生産された農産物又は当該農産物を原材料として製造され、若しくは加工された物品を**販売**すると認められ、かつ、次に掲げる要件の**いずれか**に該当すること。 ①　申請都市農地を災害発生時に一時的な避難場所として提供すること、申請都市農地において生産された農産物を災害発生時に優先的に提供することその他の防災協力に関するものと認められる事項を内容とする**協定を地方公共団体その他の者と締結**すること。 ②　申請都市農地において、**耕土の流出の防止**を図ること、**化学的に合成された農薬の使用を減少させる栽培方法を選択することその他の国土及び環境の保全に資する取組**を実施すると認められること。 ③　申請都市農地において、**その地域の特性に応じた作物を導入**すること、**先進的な栽培方法を選択することその他の都市農業の振興を図るのにふさわしい農産物の生産**を行うと認められること。	①は、農地所有者が防災協力農地として協定を結んでおり、その農地で借り手も同様の協定を締結することを想定。 ②は、耕土の流出や農薬の飛散防止等を行う取組（防風・防薬ネットの設置等）、無農薬・減農薬栽培の取組、水田での待避溝の掘り下げによる水生生物保護のための取組等を想定。 ③は、自治体や農協等が奨励する作物や伝統的な特産物等を導入する取組、高収益・高品質の栽培技術を取り入れる取組、少量多品種の栽培の取組等のほか、従来栽培されていない新たな品種や作物の導入等のその地域の農業が脚光を浴びる契機となり得る取組を想定。 （都市農業のＰＲに資するような幅広い取組を認めることが可能）
2	申請者が、申請都市農地の**周辺の生活環境と調和のとれた当該申請都市農地の利用を確保**すると認められること。	農産物残さや農業資材を放置しないこと、適切に除草すること等を想定。

※　「申請都市農地」とは、事業計画の認定の申請に係る都市農地をいう。

（農林水産省資料から転載）

③ 農業委員会の審査と留意点

市町村長は、農業委員会の決定を経て事業計画を認定します。

事業計画の認定申請書の提出があったときは、農業委員会はその記載事項及び添付書類について審査するとともに、市町村と連携して必要に応じて実情を調査し、その申請が適法なものであるかどうか、法第4条第3項に定める事業計画の認定の要件（8頁、詳細は26頁参照）に該当しているか、及び「都市農業の有する機能の発揮に特に資する基準（9・27頁参照）」の記載内容に照らして適当であるかどうかについて判定します。

「事業計画の認定の要件」（8・26頁参照）の①は都市農地貸借法独自の要件として、また、②〜⑥は農地法と同等の要件なので農地法における基準と照らし、「事業計画の認定要件」の申請者ごとに示す要件について、農業委員会は決定します。

さらに、農地所有者が当該生産緑地で主たる従事者の1割以上の農業従事をする旨の記載があるときは、その内容と妥当性について確認します。

なお、貸借の契約期間の満了において、貸借を継続する場合には間断なく貸付けが継続するよう事業計画の認定の手続きが必要です。また、相続税納税猶予適用農地で期間満了に伴う農地の返還を受けた場合には適正な利用と税務署への必要な手続きを行わない場合に期限の確定となります。

④ 認定の取消し等

都市農地が有効に活用されていないことや地域の営農状況等に著しい被害を与えているなど、認定要件の違反となる次のいずれか（農業協同組合等にあっては下に記載する一、農業者等にあっては一〜三まで）に該当する場合には、市町村長は当該認定事業者に対し、相当の期限を定めて、必要な措置を講ずるよう勧告を行います。

この勧告に従わなかったとき及びこの法律に基づく命令に違反するなどの場合に、市町村長は農業委員会の決定を経て、この認定を取り消すことができることとなっています。

市町村長は、認定を取り消すときは、その旨及びその理由を認定事業者及び認定都市農地の所有者に書面で通知します。また、認定を取り消した場合には当該都市農地の所有者に対し、当該都市農地についての賃借権等の設定に関し、あっせんその他の必要な援助を行うこととしています。

認定事業者に対する勧告の対象となる違反（法第7条1項）

一　認定事業者が認定を受けた事業計画に従って耕作の事業を行っていないとき。

二　認定事業者が認定都市農地において行う耕作の事業により、周辺の地域における農地の農業上の効率的かつ総合的な利用の確保に支障が生じているとき。

三　認定事業者が、耕作の事業の用に供すべき農地の全てを効率的に利用して耕作の事業を行っていないとき。

四　認定事業者が、地域の農業における他の農業者との適切な役割分担の下に継続的かつ安定的に農業経営を行っていないとき。

五　認定事業者が法人である場合には、当該法人の業務執行役員等のいずれもが当該法人の行う耕作の事業に常時従事していないとき。

3）特定都市農地貸付けの用に供するための都市農地の貸借の円滑化（特定都市農地貸付け）

（1）特定都市農地貸付けとは

法第10条～12条の「特定**都市**農地貸付け」とは、ＮＰＯ・企業等（地方公共団体及び農業協同組合以外の農地を持たない者）が都市農地の所有者から賃借権等の設定を受け、市民農園の目的で入園者に対して行う都市農地の貸付けです。

特定農地貸付け（特定農地貸付法第3条第3項の承認を受けた貸付け。市民農園整備促進法第10条第1項の規定により承認を受けたとみなされる場合を含む。）によってＮＰＯ・企業等が市民農園を開設しようとする場合には、地方公共団体もしくは農地中間管理機構を経て農地を借り入れることとなっています。しかし、地方公共団体は賃料受取・支払のための予算措置等の手続きが必要であり、また、農地中間管理機構の活動は市街化区域外が一般的です。これら公的機関の介在を必要としている点が、市街化区域内で市民農園を開設しようとするＮＰＯ・企業等にとって大きな障害とされてきました。

これに対応するため都市農地貸借法に「特定都市農地貸付け」を定め、一定の要件のもとでＮＰＯ・企業等が直接農地所有者から農地を借りられるように措置しました。

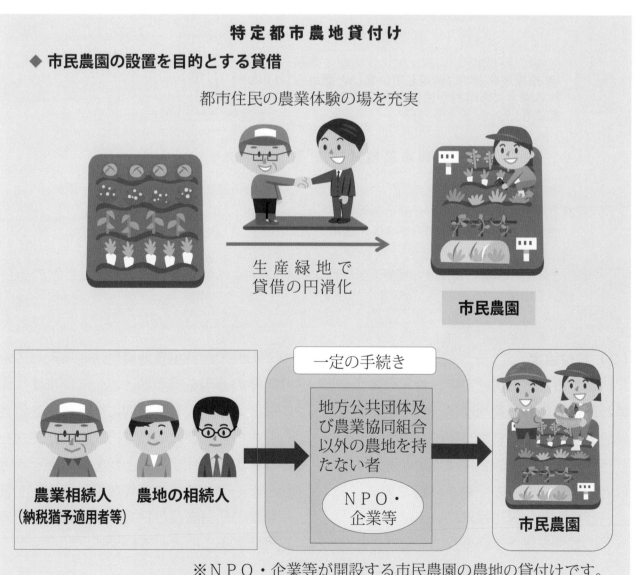

特定都市農地貸付け

◆ 市民農園の設置を目的とする貸借

都市住民の農業体験の場を充実

生産緑地で貸借の円滑化

市民農園

一定の手続き

農業相続人（納税猶予適用者等）　農地の相続人

地方公共団体及び農業協同組合以外の農地を持たない者
ＮＰＯ・企業等

市民農園

※ＮＰＯ・企業等が開設する市民農園の農地の貸付けです。

農地を所有していない者（市町村・農協を除く、ＮＰＯ・企業等）が開設する場合の【特定農地貸付け】と【特定都市農地貸付け】との相違

【特定農地貸付け（３頁の③）】による市民農園開設の手続き

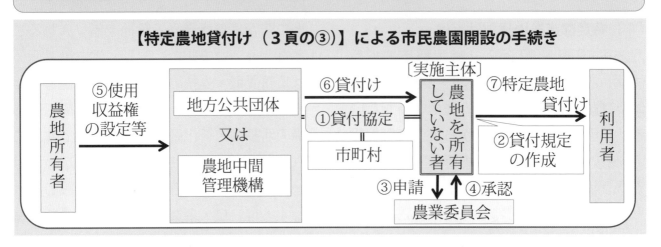

【特定都市農地貸付け（３頁の④）】による市民農園開設の手続き
〈都市農地貸借法により制定〉

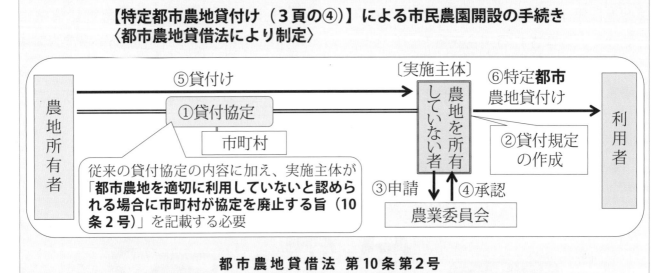

都市農地貸借法 第10条第2号

イ　地方公共団体及び農業協同組合以外の者が都市農地を適切に利用していないと認められる場合に市町村が協定を廃止する旨

ロ　準用する特定農地貸付法第３条第３項の承認を取り消した場合又は協定を廃止した場合に市町村が講ずべき措置

ハ　その他都市農地貸付けの実施に当たって合意しておくべきものとして農林水産省令で定める事項

（2）貸付協定

　特定都市農地貸付けでは、ＮＰＯ・企業等が直接農家から農地を借りて市民農園を開設できますが、貸付協定に「適切な利用が行われなかった場合には協定を廃止すること」等についての記載が必要です。

　特定都市農地貸付けについては、次の①〜④の要件を満たす必要があります。この中で①〜③は特定農地貸付法を準用しており同様の運用を行うこととしています。④については開設者が適切に都市農地を管理し、さらに必要に応じて行政機関が支援を行う体制を確保することが必要であることから、そのための内容等を定めた協定を都市農地の所有者及び地方公共団体との三者で締結することとしています。

① 10a 未満の農地に係る農地の貸付けであって、相当数の者を対象として定型的な条件で行われるものであること
② 営利を目的としない農作物の栽培の用に供するための農地の貸付けであること
③ 5 年を超えない農地の貸付けであること
④ 開設者が都市農地の所有者及び市町村と次に掲げる事項を内容とする協定を締結していること
　ア 開設者が都市農地を適切に利用していないと認められる場合に市町村が協定を廃止する旨
　イ 特定都市農地貸付けの承認を取り消した場合又は協定を廃止した場合に市町村が講ずべき措置
　ウ 特定都市農地貸付けの用に供される都市農地の管理の方法
　エ 農業用水の利用に関する調整その他地域の農業と特定都市農地貸付けの実施との調整の方法
　オ 協定に違反した場合の措置
　カ その他必要な事項

（3）農業委員会の承認と留意点

　特定都市農地貸付けを行うには、申請書に貸付規程と貸付協定を添え、農地の所在地を管轄する農業委員会に承認の申請を行います。

　農業委員会は下に記載する、特定農地貸付法第 3 条（特定農地貸付けの承認）第 3 項に定める要件について農業委員会の承認における留意事項と同様に内容を審査するとともに、併せて貸付協定の内容の妥当性についても審査します。さらに、農地所有者が当該生産緑地で主たる従事者の 1 割以上の農業従事をする旨の記載があるときは、その内容と妥当性について確認します。

　市民農園の場合には従事日数が何日以上ならば妥当か判断し難いところですが、このような場合にはその地域で同様の農業を行っている場合の通常の労働日数を参考にする事ができることとしています。具体的には、その市民農園が野菜の作付けを行っているものであれば、その地域の野菜作における農業従事日数を参考（例えば 250 日の場合には）に、その 1 割以上（25 日以上）とすることができます。

特 定 農 地 貸 付 法　第 3 条　（特定農地貸付けの承認）
　3　農業委員会は、第一項の承認の申請があった場合において、その申請が次に掲げる要件に該当すると認めるときは、その旨の承認をするものとする。
　一　前項第一号に規定する農地の周辺の地域における農用地（耕作の目的又は主として耕作若しくは養畜の事業のための採草若しくは家畜の放牧の目的に供される土地をいう。）の農業上の効率的かつ総合的な利用を確保する見地からみて、当該農地が適切な位置にあり、かつ、妥当な規模を超えないものであること。
　二　特定農地貸付けを受ける者の募集及び選考の方法が公平かつ適正なものであること。
　三　前項第三号から第五号までに掲げる事項が特定農地貸付けの適正かつ円滑な実施を確保するために有効かつ適切なものであること。
　四　その他政令で定める基準に適合するものであること。

特 定 農 地 貸 付 法 施 行 令（特定農地貸付けの承認の基準）
第 3 条　法第 3 条第 3 項第四号の政令で定める基準は、同条第 2 項第一号に規定する農地が所有権以外の権原に基づいて耕作の事業に供されているものでないこととする。

また、あらかじめ市町村の都市計画担当部局と必要な連絡調整を行います。

承認をしたときは、遅滞なく承認書を作成し申請者に交付します。

なお、貸借の契約期間の満了において、貸借を継続する場合には間断なく特定都市農地貸付けが継続するよう手続きが必要です。また、相続税納税猶予適用農地で期間満了に伴う農地の返還を受けた場合には適正な利用と税務署への必要な手続きを行わない場合に期限の確定となります。

4）農地法の特例

（1）認定都市農地貸付け、特定都市農地貸付け双方の農地法の特例

認定都市農地貸付けによる賃借権等の設定、及び特定都市農地貸付けの承認を受けた賃借権等の設定を行う場合には農地法第3条（農地又は採草放牧地の権利移動の制限）第1項に基づく農業委員会の許可が不要です。これは、これら賃貸借権等の設定に農業委員会の決定が必要であり、この決定の際に農業委員会が適否についての判断を行っているので、農地法第3条第1項の許可が不要とされています。

また、農地法第17条（賃貸借の法定更新）本文及び第18条第1項本文（賃貸借の解約等の知事許可）の適用を除外していますが、これは都市農地の貸借が円滑に行われるための措置として、賃貸借であっても契約の期間満了において農地が所有者に必ず返還される仕組みとして措置されたものです。

（2）認定都市農地貸付けの農地法の特例

認定都市農地貸付けでは、都市農地貸借法第4条第3項第4号に限定して農地法第18条第8項の規定（賃貸借に付けた解除条件等の無効）は適用しないことになっています。これは認定の要件の一つとして都市農地の適正管理が必要なことから、当該条件に基づき賃貸借等の解除を行うことができるよう措置されているものです。

農地法第18条第8項（抜粋）

農地又は採草放牧地の賃貸借に付けた解除条件又は不確定期限は、付けないものとみなす。

都市農地貸借法 第4条第3項第4号（抜粋）

申請者が事業計画に従って耕作の事業を行っていないと認められる場合に賃貸借又は使用貸借の解除をする旨の条件が、書面による契約において付されていること。

（3）特定都市農地貸付けの農地法の特例

特定都市農地貸付けでも農地法第18条第8項の規定は適用しないことになっています。また、農地法第16条、第18条第7項、第20条、第21条、第25条から第29条までの規定を適用しないこととしています。

これは特定農地貸付けと同様の措置で、これらの規定は、農地の耕作者の地位及び経営の安定を図るための耕作者保護として設定されており、営利を目的としていない特定都市農地貸付けの用に供されている農地等について、賃借権の保護、借賃等利用関係の紛争についての農地法の規定について適用を除外したものです。

3 生産緑地との関係

（1）都市農地貸借法の対象

　生産緑地として指定されていない農地は、都市農地貸借法による農地の貸付けができません。

　生産緑地は買取りの申出から3か月が経過するまでは行為制限が続き、生産緑地としての機能を果たす適正な農地管理が必要とされるので、生産緑地の指定から30年が経過した後に特定生産緑地の指定を受けなかった生産緑地も、また、特定生産緑地の指定期限日において特定生産緑地の指定の期限を延長しなかった生産緑地も、その農地の利用状況を良好に保ち都市農地の持つ多面的な機能を発揮するうえで必要であれば都市農地貸借法に基づく貸付けができます。ただし、三大都市圏の特定市ではこのような「いつでも買取りの申出ができる生産緑地」に相続が発生しても相続税納税猶予制度の適用はできません。

（2）生産緑地の主たる従事者

　生産緑地では指定から30年が経過する「申出基準日」もしくは特定生産緑地では指定又は期限の延長から10年が経過する「指定期限日」において特定生産緑地の指定・延長がなかった場合には、それ以後はいつでも買取りの申出ができます。

　一方、この「30年もしくは10年」が経過するまでの間は主たる従事者の死亡又は農林漁業に従事することを不可能にさせる故障（本書では、単に「故障等」と言います）があった場合にのみ買取りの申出が行えることとしています。

　この「主たる従事者」には、同程度の従事者も含まれ、主たる従事者が生産緑地に係る農林漁業に一年間従事した日数の8割以上（主たる従事者が65歳以上の場合は7割以上）従事している者も故障等による買取り申出の対象としています。

　しかし生産緑地を貸付けると、所有者は基本的に当該生産緑地で行う農業には従事しなくなることから当該生産緑地の主たる従事者に該当せず、生産緑地の所有者が死亡しても当該生産緑地について買取りの申出ができないことになります。そのことは、都市農地貸借法等の貸借推進にあたりブレーキとして作用することが想定されます。

　そのため、生産緑地の所有者が都市農地貸借法又は特定農地貸付法の規定に基づき生産緑地を貸付けた場合において、当該都市農地の所有者が、貸付けを行った生産緑地に係る農林漁業の業務に、借受人である主たる従事者が一年間に従事した日数の1割以上従事していれば、当該所有者を「主たる従事者」に含むこととする旨の生産緑地法施行規則の一部改正が行われました。

生産緑地の買取りの申出に係る「主たる従事者に含まれる者」

① 主たる従事者が65歳未満の場合は一年間の従事日数の8割以上の日数を従事する者

② 主たる従事者が65歳以上の場合は一年間の従事日数の7割以上の日数を従事する者

③ 都市農地貸借法の貸付け若しくは特定農地貸付けを行っている場合は、主たる従事者が一年間に従事した日数の1割以上の日数を従事する者

（3）貸付けた農地で農業従事する旨の申請

　将来において農地所有者が死亡したときに主たる従事者としての証明を希望する場合に都市農地の所有者は、その貸借が認定都市農地貸付ならば事業計画に、特定都市農地貸付けならば承認申請書に、それぞれ当該所有者が行う「農業従事の計画」を記載するとともに、賃貸借等契約書その他の書類で農業従事の計画を記載し、認定申請書又は承認申請書に添付する必要があります（特定農地貸付けも同様です）。

　なお、事業計画又は承認申請書に当該従事の計画についての所有者の同意を得た上で従事計画を記載し所有者かつ記名している場合には、契約書その他の書類における従事の計画の記載は省略できることとなっています。

　農地所有者が貸付けを行った農地で従事する内容としては、周辺の生活環境と調和を取りつつ農地の利用を図る観点から、生産緑地縁辺部の見回り、除草、清掃、点検や周辺住民からの相談対応等が想定されています。

　農業委員会は、申請段階で当該生産緑地の貸借における農地所有者の1割以上の従事がある場合には、その内容について把握し、その後の農地調査などで確認を行います。

　当該生産緑地の所有者が死亡した際に主たる従事者証明の申請があった場合には、その確認に基づき証明書を発行することになります。

　この1割以上の従事によって主たる従事者とする取扱いは農地所有者に限られています。例え申請段階で家族従事者等を含んだ記載があったとしても、死亡によって1割以上の従事で主たる従事者として証明を発行できるのは所有者に限られ、それ以外の家族従事者等は対象となりません。

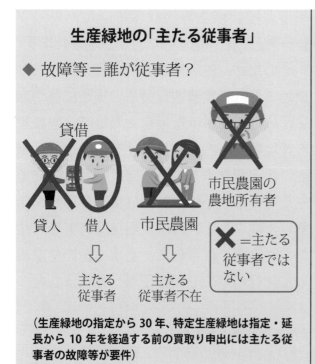

生産緑地の「主たる従事者」

◆ 故障等＝誰が従事者？

貸借　貸人　借人　主たる従事者

市民農園　→　主たる従事者不在

市民農園の農地所有者

✕＝主たる従事者ではない

（生産緑地の指定から30年、特定生産緑地は指定・延長から10年を経過する前の買取り申出には主たる従事者の故障等が要件）

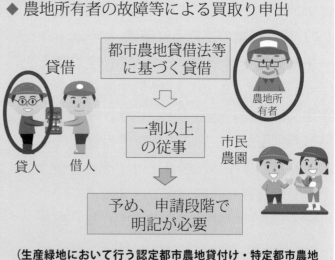

都市農地貸借法等の貸付けなら1割の従事で

◆ 農地所有者の故障等による買取り申出

貸借　貸人　借人

都市農地貸借法等に基づく貸借

⇩

一割以上の従事

⇩

予め、申請段階で明記が必要

農地所有者

市民農園

（生産緑地において行う認定都市農地貸付け・特定都市農地貸付け又は特定農地貸付けにあつては、主たる従事者（借受人）が当該生産緑地に係る農業に一年間に従事した日数の一割以上農地所有者が従事すれば「主たる従事者」となる）

4 相続税納税猶予制度との関係

1）都市農地貸借法等の貸付けによる農地保全への期待

都市農地貸借法の制定によって、市街化区域でも農地の貸借が納税猶予制度の対象とされました。

相続税納税猶予制度の基本は次世代への農地の継承なので、原則的に終生に亘る農地保全が必要な制度です。農地所有者や家族によって適用農地の耕作が継続できない状況になったとしても貸借によって農地が保全され続け、さらなる相続が発生しても貸借のまま農地の継承を可能とすることで引き続き都市農地の持つ機能が継続して発揮されることを目的としたもので、これからの都市農地の保全にとって大きな役割を果たすことが期待されます。

納税猶予制度は

租税特別措置法第70条の4〜70条の6の5にある贈与税・相続税の特例。贈与税納税猶予は第70条の4〜70条の5、相続税納税猶予は第70条の6〜70条の6の5による。

相続税納税猶予制度は

農地等の所有者に相続が発生したとき、①通常の評価による相続税額、②相続財産のうち適用農地の評価を農業投資価格に置き換えて計算した相続税額、の二つの相続税額を計算し、②については期限内納付を、①から②を差し引いた税額については納税を猶予し、この制度の適用を受けた相続人（農業相続人）の死亡等によって猶予税額が免除になる制度です。

2）生産緑地で相続税納税猶予制度の対象となる貸借

都市農地貸借法には認定都市農地貸付けのほか、市民農園の開設を目的とした特定都市農地貸付けがあります。

納税猶予制度の対象となる貸借は、この都市農地貸借法による貸付けと、生産緑地で行われる特定農地貸付けのうち市町村・農業協同組合の開設及び農地所有者の開設の二つの貸付けとなっています。ただし、農地所有者が開設する特定農地貸付けにあっては、通常の貸付協定の内容に加えて「都市農地を適切に利用していないと認められる場合に市町村が協定を廃止する旨等（特定農地貸付法施行規則第1条第2項各号）」の記載が必要です。

この「都市農地貸借法の特定都市農地貸付け」「市町村・農業協同組合開設の特定農地貸付け」「貸付協定の要件を備えた農地所有者開設の特定農地貸付け」を併せて相続税納税猶予制度では「農園用地貸付け」といい納税猶予制度の対象としています。

農園用地貸付け

一定の手続き

農地所有者 → NPO・企業等 市町村・JA 所有者等 → 市民農園

※市民農園は、**都市農地貸借法**と**特定農地貸付け**で行います。

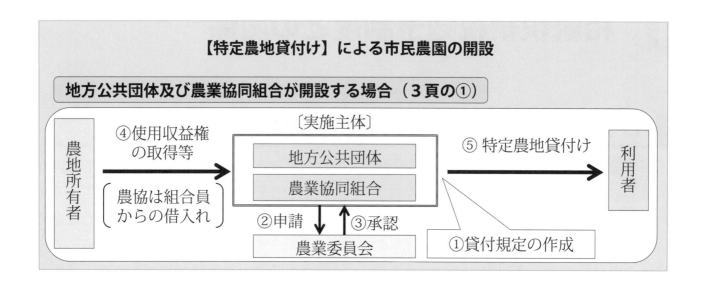

【特定農地貸付け】による市民農園の開設

地方公共団体及び農業協同組合が開設する場合（3頁の①）

農地所有者 → ④使用収益権の取得等 〔農協は組合員からの借入れ〕 → 〔実施主体〕地方公共団体／農業協同組合 ②申請→ ③承認← 農業委員会 ①貸付規定の作成 ⑤特定農地貸付け → 利用者

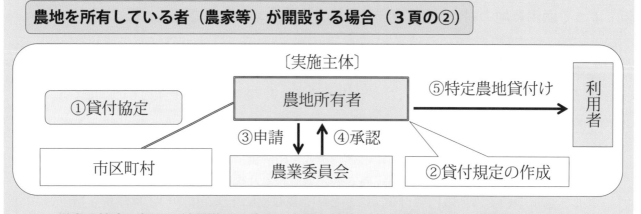

農地を所有している者（農家等）が開設する場合（3頁の②）

〔実施主体〕農地所有者 ①貸付協定 市区町村 ③申請→ ④承認← 農業委員会 ②貸付規定の作成 ⑤特定農地貸付け → 利用者

※ 従来の協定に加えて納税猶予の適用に必要な協定（①の貸付協定）の内容
特定農地貸付法施行規則第1条第2項
一 地方公共団体及び農業協同組合以外の者が都市農地を適切に利用していないと認められる場合に市町村が協定を廃止する旨
二 法第3条第3項の承認を取り消した場合又は協定を廃止した場合に市町村が講ずべき措置

3）相続税納税猶予制度との関係

（1）相続税納税猶予制度と
都市農地貸借法等の貸付けとの関係

認定都市農地貸付け及び農園用地貸付け（本書では、単に「都市農地貸借法等の貸付け」と言います）は次のどの段階でも相続税納税猶予制度の対象となりますが、申告期限内に必要な手続きを行わなければなりません。

遺言書がない場合には遺産分割協議書を作成して納税猶予制度の適用を受ける相続人（「農業相続人」と言います）が取得す

る農地を確定させたうえで申告期限に間に合うよう手続きを進めなければなりません。相続税納税猶予制度の適用には農業委員会が発行する適格者証明の添付が必要です。農業委員会は月1回の開催なので遺産分割協議書の作成は相続の開始から8カ月程度を目途に準備する必要があります。

都市農地貸借法等による貸付けと相続税納税猶予制度との関係は次の通りです。

① 期限の確定にならない

　相続税納税猶予制度では適用を受けている農地を貸した場合には期限の確定となって猶予税額に利子税を付して納めなければなりませんが、その貸借が都市農地貸借法等による貸付けであれば期限の確定とはなりません。

② 引き続き貸し続けた場合に相続人が相続税納税猶予制度の適用を受けられる

　都市農地貸借法等の貸付けが行われている農地の所有者が死亡し、当該農地の相続人が引き続き農地の貸付けを継続した場合には、相続人は相続税納税猶予制度の適用を受けられます。

③ 相続税の申告期限内に貸付けを行えば相続税納税猶予制度の適用を受けられる

　被相続人が自ら耕作していた生産緑地の農地を相続したが相続人が当該農地で自ら農業経営を行えない場合、申告期限内に都市農地貸借法等の貸付けを行えば相続税納税猶予制度の適用が受けられます。相続税の申告期限までに、貸借の完了や遺産分割協議書の作成など、スピーディーな対応が必要です。

農地を「貸す人」と「納税猶予制度」との関係

① 納税猶予制度適用者 → （期限の確定にならない）

② 既に行っている貸付けの継続 → （新たな納税猶予の適用）

③ 農地の相続（申告期限内に貸付け） → （新たな納税猶予の適用）

「都市農地貸借法等による貸付け」ならば

（2）貸借の期間満了と相続税納税猶予制度との関係

　都市農地貸付法等によって貸付けていた農地の期限が到来するなど農地の返還を受ける場合について、次のような対応を図ることで相続税納税猶予制度を継続適用することができます。なお、期限の到来による再設定、さらに返還された場合の税務署への手続き等、必要な手続きを一定期限内に行わないと期限の確定となります。

ア．契約期間が満了する場合には、その貸借を継続することで相続税の納税猶予も継続します。

イ．貸していた農地が返還された場合には、速やかに当該農地で自ら農業を開始すれば相続税の納税猶予は継続します。

ウ．貸していた農地が返還され、自ら耕作を開始することもできない場合には、都市農地貸借法等の新たな貸付けを行えば相続税の納税猶予は継続します。この場合、税務署に手続きをすることで通常の2カ月以内に行うべき期間を1年以内に延ばすことができます。

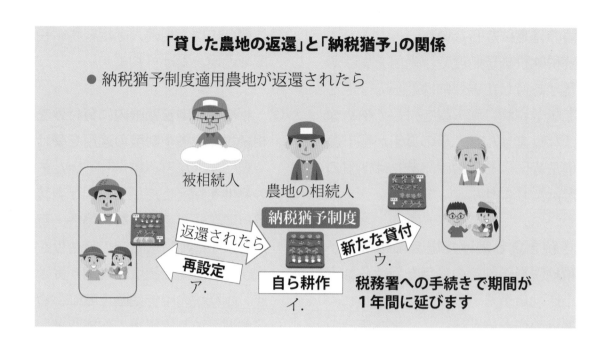

「貸した農地の返還」と「納税猶予」の関係

● 納税猶予制度適用農地が返還されたら

被相続人　　農地の相続人

納税猶予制度

返還されたら　　新たな貸付　ウ.

再設定　ア.　自ら耕作　イ.　税務署への手続きで期間が1年間に延びます

■ 4）都市農地貸借法等の貸付けにおいて留意する点

（1）生産緑地における1割従事

　都市農地貸借法等による貸付けをした農地において、農地所有者が、当該農地において借受人（主たる従事者）の農業従事日数の1割以上農業従事することで、農地所有者の死亡の際に生産緑地の買取りの申出をすることができます（15頁参照）。

　しかし、これは「生産緑地で貸借する場合には1割の従事をしなければならない」ということではありません。

　都市農地貸借法は、都市農地を保全することを目的に作られた法律なので、相続人は生産緑地の貸付けをしたままで相続税納税猶予制度の適用を受けられます。このように都市農地貸借法等による貸付けを行っていた農地で相続税納税猶予制度の適用を受けるなど買取りの申し出をしない場合には、生産緑地を貸付けていた所有者（被相続人）の1割以上従事は必要ありません。貸付けを行っていた生産緑地で買取りの申出をする場合に、農地所有者が主たる従事者とみなされること、つまり当該生産緑地における1割以上の農業従事が必要となります。

都市農地貸借法等の貸借では、農地所有者は必ず一割以上従事しなければならないの？

都市農地貸借法等の貸借において、「納税猶予制度適用」と、「生産緑地の買取りの申出」とは区別して考えて下さい。

当該農地で納税猶予制度を適用するなど、貸している農地で買取りの申出をしないのなら、その農地所有者は貸付けを行なう生産緑地で農業従事する必要がありません。

（2）三大都市圏以外の市街化区域内農地と相続税納税猶予制度

　三大都市圏の特定市（29頁参照）以外の市街化区域では、生産緑地の指定がなくとも相続税納税猶予制度の適用が受けられます。また、この地域では相続税の申告書提出期限の翌日から20年を経過した場合に免除（以下「20年免除」と言います）となりますが、生産緑地に指定されている農地はこの20年免除の対象とはなりません。

　なお、現在20年免除で適用を受けている生産緑地にあっては、その一代に限りそのまま20年免除が継続しますが、次の相続においては生産緑地について20年免除の対象とはなりません。

　さらに、現在20年免除で適用を受けている生産緑地において都市農地貸借法等による貸付けを行った場合、一括して適用を受けている生産緑地の全部が20年免除の対象から除外され、終生農地利用（農業相続人の死亡による免除）となります。

　相続税納税猶予制度の目的は相続があっても農地の継承ができるように税制の特例を設けたもので、三大都市圏特定市の生産緑地では平成4年1月1日以降に発生した相続から20年免除は無くなっています。また一般農地（市街化調整区域等）でも平成21年12月15日以降に発生した相続から20年免除は無くなっています。

　現在20年免除が残っているのは特定市以外の市街化区域だけですが、生産緑地では都市農地貸借法等の貸付けが納税猶予制度の対象となり農地の保全が可能となったことから、この地域でも生産緑地は20年免除の対象としないこととなりました。

　特定市以外の市街化区域では生産緑地に指定されていない農地で20年免除が残っていますが、生産緑地に指定されていないと高額の固定資産税の負担が続き、納税猶予制度の対象となる都市農地貸借法の貸付けができません。特定市以外の市街化区域にあっても農地保全のためには、積極的な生産緑地の指定が必要です。

　なお、納税猶予制度は適用や継続において細かい要件や届出等の手続きがありますので、必ず事前に専門家や所轄の税務署に相談するなどの細心の注意を払ってしてください。

　特定市以外の市街化区域でも固定資産税を軽減し、さらに相続税納税猶予制度の対象となる貸借を行うには、生産緑地に指定しなければなりません。

　生産緑地の指定を行わないと高額な固定資産税の負担が続きます。

　その負担を補うため不動産等の収入を得ようとすると、それが更なる相続税の負担へと繋がります。

　生産緑地や相続税納税猶予制度による転用等の規制を嫌がるのではなく、積極的かつ計画的に農地を保全しましょう。

5 都市農地貸借法等による貸付けと相続対策

　都市農地貸借法の制定は都市地域の農地保全にとって大きな力となりましたが、市民農園も対象となったことや、農地所有者の1割以上の農業従事で生産緑地の買取りの申出ができることから、「相続が発生したら買取りの申出をする農地を貸せばいい」などと、この制度を相続までの一時しのぎの貸借と考えている農業者等も少なからずいるのではないでしょうか。

　都市農地貸借法は相続税納税猶予制度の対象とすることで、家や地域に農地が保全され続けられるように整備された法律です。そして、さらなる都市農地貸借法等の活用に向けて安心感も得られるよう、生産緑地の主たる従事者要件が緩和されました。したがって、生産緑地で相続が発生した場合でも、可能であれば買取りの申出ではなく、積極的な相続税納税猶予制度の適用による農地保全を選択して頂きたいものです。

　都市農地貸借法等による貸付けを考えるということは、家族で相続に向き合う機会として捉えることもできます。農業を行うにあたって労働力の不足や体力の低下など農地の保全について課題があるのならば、貸借を考える時が来たのです。是非家族で話し合って、その家、その農地にあった対応を考えてみましょう。

我が家に合った「貸借」を考えてみましょう

最近全部の農地を耕作するのは辛くなった

そうね、高齢にもなったし

私、少しだけなら手伝えるよ

農地を守る
相　談
話し合い

俺も退職まではあと〇年あるしなァ

仕事は忙しいがトラクターでの耕耘位なら手伝えるかな？

（1）相続対策として農地の貸借を考える

　もしも相続が発生した場合に農地の継承等をどのようにするか考えるとき、大別すると次の3つに分けることができます。

① **引き続き農地として所有し続けたい**

② **相続税の支払いなどで転用・譲渡等の可能性が大きい**

③ **わからない**

　皆さんの農地をこの3つに分けて考えてみましょう。その場合、全体をざっくり考える（「3分の2位は遺したい」のような）のではなく、細かく（「この筆は遺したい、この筆の北側10ａ程度は譲渡の可能性が大きい」のように）、それぞれに①〜③を考えます。この時、③の「わからない」を極力少なくすることが大切です。「わから

ない」が多いと貸付けの方法に影響します。

「わからない」を少なくするために必要なのは、家族との相談・話し合いを重ねること。家族に自分の意思を伝え、意見を聞き、合意を得ることです。

すなわち、農地の貸借も相続に備えた対策として考えてみる必要があるのです。

（2）他の法・制度との関係

都市農地貸借法による貸付けの契約と耕作権の関係として、貸付けた農地が相続の発生を理由に「返してもらえるか」について考えてみましょう。

> ○　「賃貸借では期間の満了までは解約できない」が原則
> ○　賃貸借でも双方の合意なら解約できる（合意解約）
> ○　使用貸借（無償の貸借）は期間途中でも解約できる契約（解約権の留保）が可能

次に、都市農地貸借法等による貸付けと相続税納税猶予制度の適用との関係について改めて見てみましょう（19頁参照）。

> ○　相続税納税猶予制度適用中の貸借で期限の確定にならない
> ○　「相続発生後も貸借の継続」で相続税納税猶予制度の適用が可能
> ○　「申告期限内に貸借を完了」すれば相続税納税猶予制度の適用が可能

これらを踏まえて都市農地貸借法等による貸付けをどのように考えればいいか、先ほどの①～③に沿って考えてみましょう。

（3）相続対策としての都市農地貸借法等による貸付けを考える

何らかの都合で「農地を貸したい」と考えたとき、どのような貸借をすればいいかを考えてみましょう。やはり心配なのは「貸

している間の相続発生」です。

①　引き続き農地として所有し続けたい

この場合、相続税納税猶予制度を適用することになるので「認定都市農地貸付け」が、最も適した貸借であると考えられます。期間を定めることで安心して貸せますし、借受人も安心して借りることができます。また、借受人も農業者なので大切に農地を利用してくれることが期待でき、農地保全や地域農業の振興にもつながります。相続の発生では貸したまで相続税納税猶予制度の適用が受けられます。契約の期間が終了すれば必ず返還されますが、さらに継続して貸すこともできます。

相続税納税猶予制度を適用するなら買取りの申出は不要なので農地所有者が貸付けを行う生産緑地で農業従事をする必要もありません。

しかし、いつでも借り手がすぐに見つかるわけではないので、地域の一体となった対応と、早めの準備が必要です。

②　相続税の支払いなどで
転用・譲渡等の可能性が大きい

買取りの申出を行うことが想定されるので、相続が発生したときに農地の返還を求める可能性が大きい農地です。

このような農地で貸付けを行うような場合には解約権を留保（契約上いつでも貸借を終了できる特約）する場合が多いのですが、賃貸借ではその特約は無効となります。そのため使用貸借で行うことになりますが、農地の借受人（使用借人）にとってはその農地を利用できる期間が不安定なため安定した農地の利用計画が

できないなど経営上のメリットは減少してしまいます。また、このような農地の貸借は、期間が短い、面積が少ない、分散している等の場合もあって、認定都市農地貸付けを行うには不向きな要素が多いものです。

その様な農地は家族での耕作が可能ならば貸付けを行わないという選択もあります。前記①のような「家に残したい農地」を優先的に都市農地貸借法による認定都市農地貸付けを行って相続発生後は納税猶予制度の適用を受ける。一方で買取りの申出を行う可能性の大きい農地は家族で耕作する、という判断です。

この様な農地で貸借を行う場合には市民農園も考えられます。市民農園は市町村や農業協同組合が農地を借受ける特定農地貸付けによる開設又はＮＰＯ・企業等の特定都市農地貸付けによる開設もありますが、所有者自らが特定農地貸付けによって開設することもできます。

買取りの申出に対応するために農地所有者の１割以上の農業従事も考えて、この所有者が開設する「自営型の市民農園」も視野に入れて検討しましょう。

③　わからない

「わからない」はできるだけ僅かな面積にまで絞りましょう。僅かな面積で、しかも買取りの申出を行う可能性があるのならば②と同様で認定都市農地貸付けはなかなか難しいと思います。やはり家族で耕作することも視野に入れて検討しましょう。また、貸す場合には市民農園としての貸借（所有者開設型を含む）も考えられますが、買取りの申出に対応するためには農地所有者の１割以上農業従事が必要です。

また、「わからない」とされた農地は相続の際に納税猶予制度の適用も躊躇される傾向があります。その農地が相続税納税猶予制度を適用しなければ、その農地の相続税額が多くなり、相続税支払いのため譲渡等をしなければならない農地等の面積も増えてしまいます。結果として、遺したかった農地までも処分しなければならないことにもなりかねません。

いずれにしても「わからない」は極力少ない面積にすることが大切です。「わからない」を少なくするには、家族との相談・話し合いと、相続税納税のための資金計画を立てておくこと、つまり相続対策が重要です。

市民農園は可能であれば「所有者開設型」

市民農園としての貸借はどう？
所有者開設型を勧められたんだけど。

相続発生を考え合わせたら、農家を継承する相続人が農地の保全に向き合っている姿勢を示すことが大切です。

農地所有者の従事者も容易ですね。
農地の保全意識を高めるにも有効です。

6　農地の保全と継承に向けて

　市街化区域内農地の貸借が可能となったため、ますます相続対策が重要になりました。

　都市農地貸借法の目的は、高齢化等で耕作できない農地を、その家族などによる安定的かつ永続的な耕作が再び可能となるまでの間、地域の担い手等に託すことで都市農地の保全をはかろうとするものです。

　都市農地貸借法等を活用した農地の継承と地域農業の振興を考えた時、認定都市農地貸付けを推進することが重要だと思われます。しかし、農地の貸し手と借り手が常に存在するわけではありません。そのため、認定都市農地貸付けを行うために地域が一丸となって取組む必要があります。

　都市農地貸借法による貸借の事例として、市街化区域内で規模拡大した農業経営者や、父親から独立して独自の経営を確立するため農地を借りた後継者もいます。新規就農者がまとまった面積の農地を借りたケースもあります。さらに、市街化調整区域に農地を持つ農家が生産緑地を借りたケースでは販路拡大等積極的な農業経営の展開に小さい面積であっても生産緑地を大いに役立てようとしています。また、農地バンクによって貸借の円滑化を図ろうとする地域もあります。

　いずれも認定都市農地貸付けについて言えば、地域で貸借がまとまったところは次々波及していきますが、一方で全く取組みの無い地域では多くの農家で関心が薄いようです。

　子（次の世代）が農業経営に全く参加しないと農業・農地に関心のない相続人になってしまうかもしれません。逆に、家族に過重な労働力を期待し、強いていると農業嫌いの相続人になってしまうかもしれません。

　「農地は貸したくない」と考える農地の所有者もいますが、家族の労働力と都市農地貸借法による農地の貸付けをうまく調整しながら、皆さんの家、皆さんの地域の農業・農地が次の世代に受け継がれるよう、無理のない農地保全と、相続税納税猶予制度の活用による円滑な農地の継承を考えてみてはいかがでしょうか。

都市農地の貸借は、相続対策でもある

生まれ育った「家や農地」が地域の「宝」で在り続けられるように

残された家族みんなが喜んでくれる相続となるように

生前の対策のおかげで円満な相続と納税猶予適用ができた。

財産の継承には「家族の絆」を大切にした相続対策が大切です。これからの「我が家と農地」の将来について、家族で話し合ってみましょう。

附

1）事業計画の認定の要件等

市町村長による申請者ごとの事業計画の認定の要件は、次に示すとおりです。

ア．農業協同組合法の規定による農業の経営を行うため賃借権等の設定を受ける農業協同組合及び農業協同組合連合会並びに地方公共団体については①の要件

イ．申請都市農地について賃借権等の設定を受けた後に行う耕作の事業に必要な農作業に常時従事すると認められる者及び農地所有適格法人については①～③までの全ての要件

ウ．その他の者について①～⑥までの全ての要件

事業計画の認定の要件

① 申請都市農地における耕作の事業の内容が、都市農業の有する機能の発揮に特に資するものとして<u>農林水産省令で定める基準※</u>に適合していると認められること。

② 申請都市農地における耕作の事業により、周辺の地域における農地の農業上の効率的かつ総合的な利用の確保に支障を生ずるおそれがないと認められること。

③ 申請者が、申請都市農地について賃借権等の設定を受けた後において、その耕作の事業の用に供すべき農地の全てを効率的に利用して耕作の事業を行うと認められること。

④ 申請者が事業計画に従って耕作の事業を行っていないと認められる場合に賃貸借又は使用貸借の解除をする旨の条件が、書面による契約において付されていること。

⑤ 申請者が、申請都市農地について賃借権等の設定を受けた後において、地域の農業における他の農業者との適切な役割分担の下に継続的かつ安定的に農業経営を行うと見込まれること。

⑥ 申請者が法人である場合には、申請都市農地について賃借権等の設定を受けた後において、当該法人の業務執行役員等のうち一人以上の者が当該法人の行う耕作の事業に常時従事すると認められること。

※農林水産省令で定める基準は、次頁に掲載する「事業計画の認定要件のうち都市農業の有する機能の発揮に特に資する耕作の事業の内容に関する基準」を言います。

2）事業計画の認定要件のうち都市農業の有する機能の発揮に特に資する耕作の事業の内容に関する基準

基　準（次の1，2のいずれにも該当すること）	備　　考
次のイからハまでのいずれかに該当すること。	基準の運用に当たっては、農業者の意欲や自主性を尊重し、地域の実情に応じた多様な取組を行うことができるように配慮が必要。
1 イ 申請者が、申請都市農地※において生産された農産物又は当該農産物を原材料として製造され、若しくは加工された物品を主として当該申請都市農地が所在する市町村の区域内若しくはこれに隣接する市町村の区域内又は都市計画区域内において販売すると認められること。	「主として」とは、金額ベース又は数量ベースで概ね5割以上を想定。
ロ 申請者が、申請都市農地において次に掲げるいずれかの取組を実施すると認められること。	
1 都市住民に農作業を体験させる取組並びに申請者と都市住民及び都市住民相互の交流を図るための取組。	いわゆる農業体験農園、学童農園、福祉農園及び観光農園等の取組を想定。
2 都市農業の振興に関し必要な調査研究又は農業者の育成及び確保に関する取組。	都市農地を試験ほや研修の場に用いること等を想定。
ハ 申請者が、申請都市農地において生産された農産物又は当該農産物を原材料として製造され、若しくは加工された物品を販売すると認められ、かつ、次に掲げる要件のいずれかに該当すること。	
1 申請都市農地を災害発生時に一時的な避難場所として提供すること、申請都市農地において生産された農産物を災害発生時に優先的に提供することその他の防災協力に関するものと認められる事項を内容とする協定を地方公共団体その他の者と締結すること。	農地所有者が防災協力農地として協定を結んでおり、その農地で借り手も同様の協定を締結することを想定。
2 申請都市農地において、耕土の流出の防止を図ること、化学的に合成された農薬の使用を減少させる栽培方法を選択することその他の国土及び環境の保全に資する取組を実施すると認められること。	耕土の流失や農薬の飛散防止等を行う取組（防風・防薬ネットの設置等）、無農薬・減農薬栽培の取組、水田での特避溝の掘り下げによる水生生物保護のための取組等を想定
3 申請都市農地において、その地域の特性に応じた作物を導入すること、先進的な栽培方法を選択することその他の都市農業の振興を図るのにふさわしい農産物の生産を行うと認められること。	自治体や農協等が奨励する作物や伝統的な特産物等を導入する取組、高収益・高品質の栽培技術を取り入れる取組、少量多品種の栽培の取組等のほか、従来栽培されていない新たな品種や作物の導入等のその地域の農業が脚光を浴びる契機となり得る取組を想定。 （都市農業のPRに資するような幅広い取組を認めることが可能）
2 申請者が、申請都市農地の周辺の生活環境と調和のとれた当該申請都市農地の利用を確保すると認められること。	農産物残さや農業資材を放置しないこと、適切に除草すること等を想定。

※「申請都市農地」とは、事業計画の認定の申請に係る都市農地をいう。

3）市街化区域とは

　都道府県は一帯の都市として総合的に整備、開発、及び保全する必要がある区域を都市計画区域として指定します（都市計画法第5条）。さらに「都市計画区域内では無秩序な市街化を防止し、計画的な市街化を図ることを目的に市街化区域と市街化調整区域との区分（線引きと言います）を定めることができる」としており（同法第7条第1項）、さらに「すでに市街地を形成している区域及びおおむね10年以内に優先的かつ計画的に市街化を図るべき区域」を市街化区域として指定（同条第2項）することとしています（4頁参照）。

4）納税猶予制度における特定市街化区域農地等と都市営農農地等

（1）特定市街化区域農地等

　納税猶予制度における「特定市街化区域農地等」とは、都市計画法第7条第1項に規定する市街化区域内に所在する農地又は採草放牧地で、平成3年1月1日において次の区域内に所在するもの（次の「（2）都市営農農地等」に該当するものを除きます）と規定しています。

　なお、納税猶予制度における特定市については次頁に掲載している「納税猶予制度における三大都市圏内に所在する特定の都市名（190市）」をご覧ください。

① 都の区域（特別区の存する区域に限ります）

② 首都圏整備法第2条第1項に規定する首都圏、近畿圏整備法第2条第1項に規定する近畿圏又は中部圏開発整備法第2条第1項に規定する中部圏内にある地方自治法第252条の19第1項の市の区域

③ 上記②の市以外の市でその区域の全部又は一部が首都圏整備法第2条第3項に規定する既成市街地若しくは同条第4項に規定する近郊整備地帯、近畿圏整備法第2条第3項に規定する既成都市区域若しくは同条第4項に規定する近郊整備区域又は中部圏開発整備法第2条第3項に規定する都市整備区域内にあるものの区域

（2）都市営農農地等

　「都市営農農地等」とは、次の農地又は採草放牧地で、平成3年1月1日において上記「（1）特定市街化区域農地等」の①から③までに掲げる区域内に所在するものです（措法70の4②四）。

① 都市計画法第8条第1項第14号に掲げる生産緑地地区内にある農地又は採草放牧地

　ただし、生産緑地法第10条又は第15条第1項の規定による買取りの申出がされたもの、同法第10条第1項に規定する申出基準日までに特定生産緑地の指定がされなかったもの、同法第10条の3第2項に規定する指定期限日までに特定生産緑地の指定の期限の延長がされなかったもの、同法第10条の6第1項の規定による指定の解除がされたものは除かれます。

② 都市計画法第8条第1項第1号に掲げる田園住居地域内にある農地

　ただし、上記①に掲げる農地を除きます。